加加林

　　加加林是世界上第一个成功完成宇宙飞行的宇航员。他原本是一名普通的飞行员，通过无数次测试后成为一名宇航员。经过一年的艰苦训练后，他终于在1961年4月12日乘坐"东方1号"宇宙飞船飞到了地球之外，耗时1小时29分围绕地球旋转一圈后重新回到了地球上。

从1数到10

数一数自己身边的物品。一个一个增加物品的数量，直到10为止。1，2……9，10。每增加一个物品，数字都会变大。

文字　高英伊

　　韩国梨花女子大学地理教育专业。因为喜欢为孩子写书，而成为一名作家。主要作品有《谁吃掉了美味的可乐饼？》《如果菲律宾没有了杜果树》《因为你而头疼》等。

插图　孙律

　　2009年荣获韩国安迪生奖金奖。主要插图作品有《天上掉下了数字》《我不做了》《是桑巴，还是足球？》等。

审定　郑光顺（韩国教员大学教授）、李光浩（韩国教员大学教授）、赵尚延（韩国首尔鹰峰小学教师）、何秀贤（韩国釜山晓林小学教师）

　　2007年和2009年开发了《端正的生活》《智慧的生活》《愉快的生活》等小学教科书。共同编写了小学《数学》教科书，并参与了韩国大教出版集团sobics主题综合全集《跳高英才》《跳高领导》的开发项目。

加加林的宇宙之旅

【韩】高英伊 / 文 【韩】孙律 / 图

千太阳 / 译

中国出版集团 现代出版社

这个人是宇航员加加林。
他是地球上第一个
完成宇宙飞行的人。

宇宙飞船

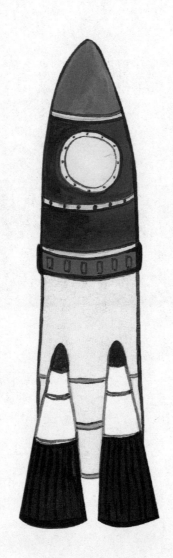

1 · 一

过一会儿，
加加林就要乘坐飞船飞往宇宙了。

5

宇航服

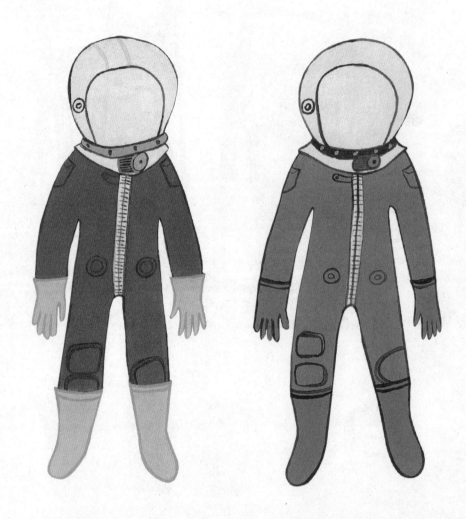

2·二

加加林做好了飞往宇宙的准备。
有红色的宇航服和蓝色的宇航服两种选择，
加加林穿上了红色的宇航服。

7

太空食物

3·三

加加林带上了太空食物。

这是可以在宇宙中方便食用的食物。

他挑选了咖啡、肉汤和草莓酱。

家人

4·四

◉◉数一数我们家一共有几个人。

加加林还带上了最重要的东西，
那就是最爱的家人们的照片。
他亲吻了一下照片后，小心翼翼地把它放进了口袋里。

11

旗帜

5 · 五

准备工作结束后，
加加林坐上了宇宙飞船。
人们一边晃动着手中的旗帜，
一边向宇宙飞船上的
加加林道别。

终于到了要起飞的时刻。

五，四，三，二，一！

5，4，3，2，1！

发射！

轰隆隆！

伴随着一股浓烟，

宇宙飞船用力地向上飞去。

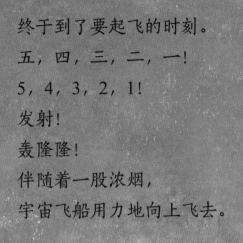

金字塔

6·六

宇宙飞船飞得越高，
窗外看到的东西就变得越小。
金字塔看上去就像指甲盖一样大。

宇宙飞船最终飞离了地球，
那个瞬间，加加林的身体飘浮了起来。
他向窗外看去，
被窗外的景象震撼了。
加加林看到了什么呢？

○○ 加加林一共带去了几个太空食物呢？从图中找出来数一数。

星星

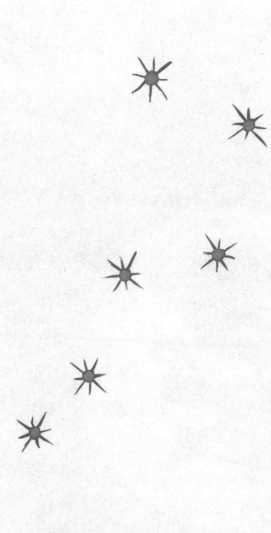

7・七

会不会是看到了北斗七星？
如果真的看到了，
他肯定会为之震撼。

小行星

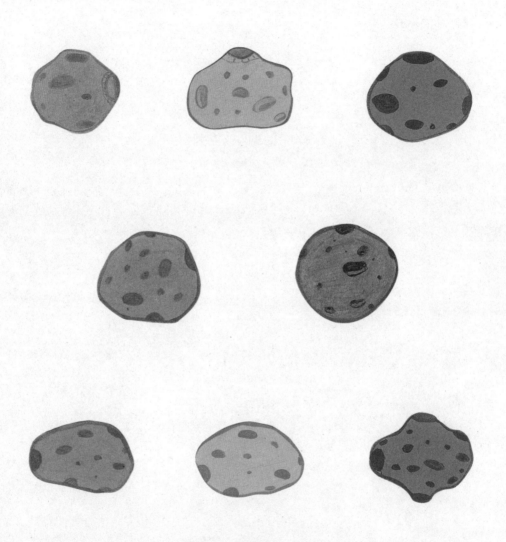

8·八

也许还会看到
向宇宙飞船飞来的
许多小行星呢。

UFO

9・九

说不定还会看到外星人乘坐的飞船呢！

外星人

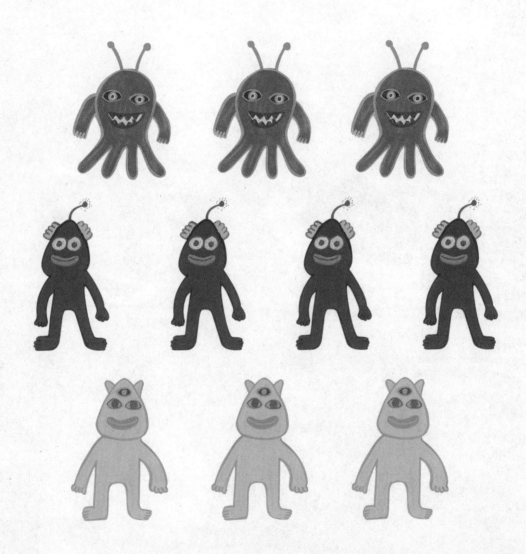

10・十

◉◉蓝色的外星人有几个呢?

不会是看到了外星人吧？

让加加林感到震惊不已的，并不是7颗北斗七星或是8颗小行星，
也不是9艘UFO飞船，更不是10个外星人。
让加加林最震惊的是那个蔚蓝色的星球。
宇宙中独一无二的、珍贵的、我们的星球——地球。

从1数到10

• 从1数到10

一颗草莓
骨碌碌滚过来。

一个番茄
骨碌碌滚过来。

滚来一个猕猴桃
变成了三个。

滚来一个橙子
变成了四个。

又来一个桃子
变成了五个。

又来一个苹果
变成了六个。

又来一个香瓜
变成了七个。

又来一个柠檬
变成了八个。

又来一个哈密瓜
变成了九个。

又来一个西瓜
变成了十个。

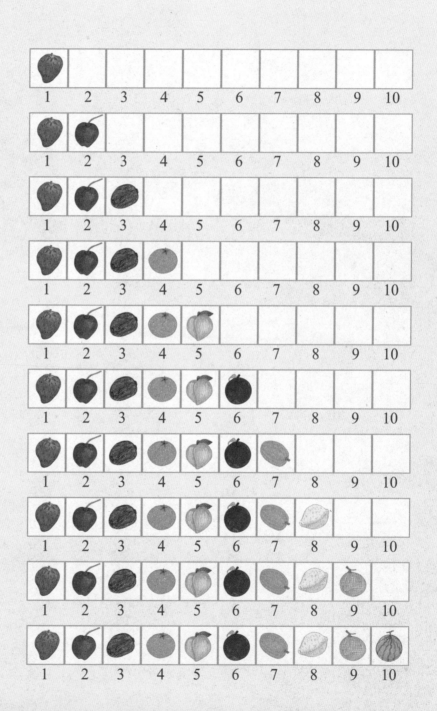

• 排在第几个位置

10个外星人在电影院的售票处排好了队。

从前面数，站在第2个位置的外星人头上戴着蝴蝶结。

从前面数，站在第5个位置的外星人手里拿着足球。

从前面数，站在第8个位置的外星人举着双手。

• **数一数在游乐场里玩耍的孩子们吧**

在游乐场里玩耍的孩子一共有 ☐ 名。

拿着气球的孩子一共有 ☐ 名。

在秋千前排队的孩子中正在哭的是第 ☐ 个。

在家里做做看

🏠 记住数字

翻开两张卡片，看是否能对应成功。

┌─────────────────────────┐
│ 准备物品：纸、笔、剪刀   │
└─────────────────────────┘

① 用准备的纸制作20张卡片。

先用10张卡片做成数字卡，在上面用阿拉伯数字和汉字数字同时写上1到10。

然后在剩余的10张卡片上画上1到10个物品，做成图片卡。

② 把数字卡和图片卡分别翻过来放好，然后玩"石头剪刀布"的游戏。

③ 获胜的人先分别挑选1张数字卡和1张图片卡翻过来。

如果两张卡片对应成功，就可以把卡片拿走。最终拥有卡片多的一方获胜。

④ 熟悉了游戏之后，可以把10张数字卡和10张图片卡混合到一起玩。

爸爸妈妈看过来

👥 从1数到10

- -

从1数到10是运算中最基础的课程，因为只有理解了数和量是相同的，才能进行其他所有的运算。爸爸妈妈们可以利用身边的物品，跟孩子一起玩数数的游戏。然后帮助孩子们理解"一"和"1"，"二"和"2"是相同的。如果充分理解了"十"和"10"，就能理解更大的数字。同时，也可以帮助孩子们理解数的多和少。通过一对一的数字比较，可以帮助孩子们更好地理解数和量的关系。

版权登记号：01-2020-4614

图书在版编目（CIP）数据

了不起的数学思维. 萌芽篇 /（韩）高英伊等著；（韩）孙律等绘；千太阳译. —北京：现代出版社，2021.1

ISBN 978-7-5143-8801-5

Ⅰ. ①了… Ⅱ. ①高… ②孙… ③千… Ⅲ. ①数学—儿童读物 Ⅳ. ①O1-49

中国版本图书馆CIP数据核字（2020）第157342号

加加林的宇宙之旅

作　者	［韩］高英伊/文　［韩］孙律/图
译　者	千太阳
责任编辑	崔雨薇
封面设计	八　牛　刘　璐
出版发行	现代出版社
通信地址	北京市安定门外安华里504号
邮政编码	100011
电　话	010-64267325　64245264（传真）
网　址	www.1980xd.com
电子邮箱	xiandai@vip.sina.com
印　刷	北京瑞禾彩色印刷有限公司
开　本	889mm×1194mm　1/16
字　数	70千
印　张	17.5
版　次	2021年1月第1版　2021年1月第1次印刷
书　号	ISBN 978-7-5143-8801-5
定　价	120.00元（全7册）

法布尔

　　他是法国昆虫学家。连续30多年对蜘蛛、蜜蜂、蚂蚁等昆虫的生活习性进行观察，并做了详细的记录，最后创作了《昆虫记》。所以，法布尔又被称为"昆虫之父"。法布尔有个习惯非常有名，那就是除了睡觉时，绝对不会摘掉那项带着黑色帽檐儿的帽子。

数到20

　　超过10个的物品可以以10个为一个组合，剩下的单独数。每10个合到一起，再把单个的一个个加起来，可以数到20。

文字　金景秀

新闻广播专业。现任设计艺术大学教师，教绘本制作。主要作品有《市场游戏书》《让朝鲜大笑的一幅画》《怀抱自然的房子》等。

插图　安宰善

木雕家具专业，毕业后进入了英国布莱顿大学学习插图绘制。主要作品有《非常特别的示威》《移动的地球，移动的真理》《去往奥赛的路》等。

审定　郑光顺（韩国教员大学教授）、李光浩（韩国教员大学教授）、赵尚延（韩国首尔鹰峰小学教师）、何秀贤（韩国釜山晓林小学教师）

2007年和2009年开发了《端正的生活》《智慧的生活》《愉快的生活》等小学教科书。共同编写了小学《数学》教科书，并参与了韩国大教出版集团sobics主题综合全集《跳高英才》《跳高领导》的开发项目。

法布尔
和放羊少年

【韩】金景秀 / 文　【韩】安宰善 / 图

千太阳 / 译

中国出版集团　现代出版社

在法布尔的家里，
好像有世界上所有的昆虫。
他还养了很多令人讨厌的、恶心的昆虫。
法布尔只要睁开眼睛就会开始观察这些昆虫。
村子里所有的人都知道
法布尔喜欢昆虫。

村子里的孩子们每当捉到长得很奇特的昆虫，
都会去拿给法布尔看。
法布尔就会惊讶地瞪大眼睛，感叹道：
"真是太神奇了！"
法布尔和孩子们围坐在一起，
认真地观察昆虫。
有一个放羊的少年经常远远地看着这一幕，
他非常羡慕其他的孩子们。
因为他除了羊之外，并没有朋友。

有一天，法布尔正在观察甲虫。

放羊少年来到他家，有些羞涩地伸出了手。

他的手掌心里有一只非常小的甲虫正在爬来爬去。

法布尔看见后惊喜得两眼放光。

"太可爱了！下次看见甲虫后再给我拿来吧。"

法布尔给了放羊少年一块饼干。

放羊少年开心地跑回了家。

第二天，放羊少年把羊撒开后，

立即开始在草丛中捉甲虫。

好不容易等到了太阳落山，他急匆匆地把羊赶回圈，然后跑去找法布尔。

"好多甲虫呀！你一共抓来了几只呢？"

放羊少年开心地眨了眨眼睛。

"很多！"

"你捉了几只甲虫，我就给你几块饼干。

你数一数一共多少只，然后告诉我吧！"

但是，放羊少年并不会数数。

9

放羊少年不好意思地挠了挠头。

法布尔看到后笑了笑，他从瓶子里拿出甲虫，

一只一只都放在了放羊少年的手指上。

"你数一数你的手指，

手指有一，二，三，四，五，

六，七，八，九，十。

那么甲虫也有一，二，三，四，五，

六，七，八，九，十。

你有十根手指，

所以就是有十只甲虫。"

放羊少年这才恍然大悟地点了点头。

"给，这是十块饼干。

下次也给我捉一些其他的昆虫，好不好？"

放羊少年使劲点了点头。

◎◎数一数桌子上一共有几本书吧。

11

第二天，放羊少年给法布尔抓来了蜣螂。

"哇，是蜣螂！不错，不错。

我正好在研究蜣螂为什么会滚粪球呢。"

法布尔高兴得像个小孩子一样。

"一，二，三，四，五，六，七，八，九，十……

比十只还多一只，那就是十一只了。

那就给你跟蜣螂数量一样多的巧克力吧。"

放羊少年把十块巧克力放在了碗中，

然后又拿起了一块，

大喊："十一块！"

在你的笔筒中放入十一支铅笔吧。

后来，放羊少年每天都会来法布尔家。
法布尔每次都会给他介绍昆虫。
"你看，这是菜粉蝶。
一，二，三，四，五，
六，七，八，九，十。
十再加一，二，三，
所以菜粉蝶一共有十三只。"

14

"我来数一数这种昆虫有多少只吧。
一，二，三，四，五，
六，七，八，九，十。
十再加上一，二，三，四，五，
所以一共有十五只。"
"是的，你现在已经很会数数了。"
放羊少年第一次听到别人夸赞自己，
他觉得非常幸福。

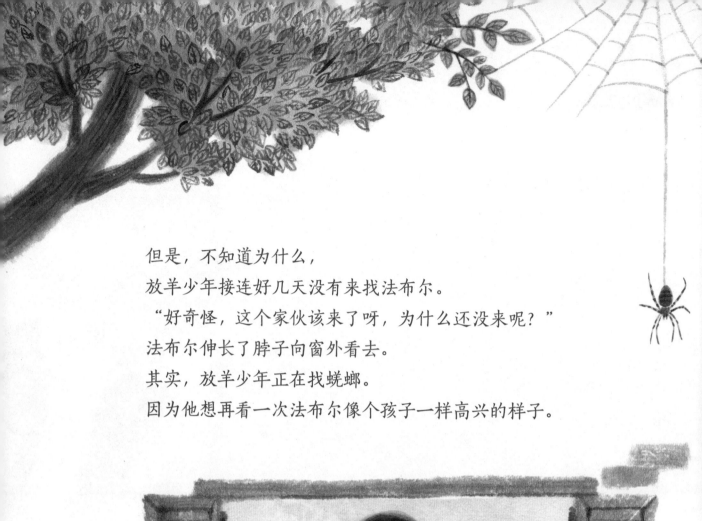

但是，不知道为什么，

放羊少年接连好几天没有来找法布尔。

"好奇怪，这个家伙该来了呀，为什么还没来呢？"

法布尔伸长了脖子向窗外看去。

其实，放羊少年正在找螳螂。

因为他想再看一次法布尔像个孩子一样高兴的样子。

●● 数一数图中一共有多少只羊。

就这样几天过去了。

有一天，放羊少年满头大汗地捧着一抔土来了。

不好意思地小声说：

"这是从蝼蛄钻进去的洞里找来的，

不是昆虫，所以不用给我饼干和巧克力了。"

那些泥土里
有蜣螂滚好的粪球。
法布尔轻轻地敲碎了凸起的上半部分，
露出了一些像大米粒一样的虫卵。
"哇！这里面竟然有虫卵！"
法布尔高兴地大叫起来。
"我为什么没想到这一点呢？哈哈哈！"
法布尔终于明白了蜣螂滚粪球的原因。
法布尔非常高兴，
直接给了放羊少年一袋糖果。

"你这是从哪里找到的呢？
现在就带我去看一看吧！"
放羊少年带法布尔去的地方，
是羊吃草和拉屎的一片草地。
挖开那些凸起的泥土，
就能够看到里面有一个小小的洞，
洞里有很多包裹着虫卵的粪球，
也有很多包裹着幼虫的粪球。

放羊少年数了数堆在一起的粪球。

"一，二，三，四，五，六，七，八，九，十，十一，十二，十三，十四，十五，十六，十七！叔叔，这里一共有十七个粪球。"

○○ 数一数洞里的老鼠、蚂蚁、蜈蚣、幼虫一共有多少只吧。　23

法布尔把所有的粪球都放在了一个盒子里。
放羊少年高兴地数了起来。
"一，二，三，四，五，六，七，八，
九，十，十一，十二，十三，十四，十五，
十六，十七，十八，十九……
嗯？接下来是什么？"
法布尔看着他笑了，说：
"十九后面是二十！
也就是说一共有二十个粪球。"

◎◎ 大声地数一数手指和脚趾吧。   25

过了一个月，又过了一个月。

有一天，粪球一个个出现裂缝，慢慢碎掉，

一个个小蜣螂慢慢地从里面爬出来。

放羊少年看到小小的蜣螂后非常开心。

他把小蜣螂分别放在两个盒子里，

每个盒子里有十只。

"哇，竟然出来了二十只小蜣螂。"

但是，放羊少年今天并没有看到法布尔。

他发现桌子上放着一顶法布尔平时戴的帽子

以及一封信。

亲爱的放羊少年！
因为你的帮助，
让我得以完成对蜣螂的研究。
帽子是我送给你的礼物。

——法布尔——

法布尔开始把蝗螂的故事编写成书，
每天都非常忙碌。
放羊少年也变得同样忙碌，
因为他现在有了很多朋友，
他整天忙着教朋友们数数，
甚至都没有时间去放羊了。

数到 20

• 数到 20

一盒蜡笔是整数十——10

把10根放在一起看作一组，0表示没有多余的单个。

一盒10根装的蜡笔加1个单根的就是十一——11

一盒10根装的蜡笔加2个单根的就是十二——12

一盒10根装的蜡笔加3个单根的就是十三——13

一盒10根装的蜡笔加4个单根的就是十四——14

一盒10根装的蜡笔加5个单根的就是十五——15

一盒10根装的蜡笔加6个单根的就是十六——16

一盒10根装的蜡笔加7个单根的就是十七——17

一盒10根装的蜡笔加8个单根的就是十八——18

一盒10根装的蜡笔加9个单根的就是十九——19

两盒10根装的蜡笔就是二十——20

• 把10只羊合成1组后再去数

把10只羊合成1组，剩下3只，所以一共13只。

把10朵花合成1组，剩下5朵，所以一共是15朵。

把10只瓢虫合成1组，剩下9只，所以一共是19只。

• 数一数大海里的动物吧

数一数虾、鱿鱼、小鱼分别有多少吧。

数量最多的是 ⬜⬜⬜⬜⬜ ，数量最少的是 ⬜⬜⬜⬜⬜ 。

在家里做做看

🏠 滚来滚去的保龄球游戏

一边与妈妈一起玩"保龄球"的游戏，一边熟悉数字。

准备物品：塑料瓶20个，小球1个，分数表

	我	妈妈
1	14	10
2	11	
3		
4		
5		

① 把20个塑料瓶排好。

② 与妈妈玩"石头剪刀布"的游戏，赢的人先滚动小球。

③ 数一数一共撞倒了几个塑料瓶，然后写在分数表上。

④ 每个人玩5次，比比看分数表上的数字谁更多。

爸爸妈妈看过来

数到20

在数到20的学习中可以用组合和单个的方法。在数10以上的数字时，只要理解了组合和单个，不管多大的数字都能轻松地数清楚。利用身边的物品让孩子们理解把10个分成一组，每增加1个单个就会变成11，12，13……18，19。而比19大1的数是20，如果能够理解每10个分为1组，2组就是20，孩子就能自己数更大的数字了。

11页　　11本　17页　　14只　23页　　17只　25页　　一，二，三，四，五，六，七，八，九，十，十一，十二，十三，十四，十五，十六，十七，十八，十九，二十

数学游戏　虾18只，鱿鱼11条，小鱼15条；虾，鱿鱼

版权登记号：01-2020-4614

图书在版编目（CIP）数据

了不起的数学思维. 萌芽篇 /（韩）高英伊等著；（韩）孙律等绘；千太阳译. —北京：现代出版社，2021.1

ISBN 978-7-5143-8801-5

Ⅰ. ①了… Ⅱ. ①高… ②孙… ③千… Ⅲ. ①数学—儿童读物 Ⅳ. ①O1-49

中国版本图书馆CIP数据核字（2020）第157342号

06 파브르의 멋진 친구

Copyright © 2012, DAEKYO Co., Ltd.

All Rights Reserved.

This Simplified Chinese edition was published by Modern Press Co., Ltd. in 2020

by arrangement with DAEKYO Co., Ltd. through Imprima Korea &

Qiantaiyang Cultural Development (Beijing) Co., Ltd.

法布尔和放羊少年

作　　者	［韩］金景秀/文　［韩］安宰善/图
译　　者	千太阳
责任编辑	崔雨薇
封面设计	八　牛　刘　璐
出版发行	现代出版社
通信地址	北京市安定门外安华里504号
邮政编码	100011
电　　话	010-64267325　64245264（传真）
网　　址	www.1980xd.com
电子邮箱	xiandai@vip.sina.com
印　　刷	北京瑞禾彩色印刷有限公司
开　　本	889mm×1194mm　1/16
字　　数	70千
印　　张	17.5
版　　次	2021年1月第1版　2021年1月第1次印刷
书　　号	ISBN 978-7-5143-8801-5
定　　价	120.00元（全7册）

塞尚

　　塞尚是法国著名的画家。他从来不会把眼前看到的事物原封不动地画出来，他会不停地修改，直到让自己满意为止，所以他每天都在为画出具有独创性的作品而费神。他曾经为了画出自己喜欢的形状，不停地把苹果移来移去。最终，他画的苹果震惊了世界。

分与合

　　把10个物品分成两组或3组的方法有很多种。把10个分成两组后的物品合起来依然是10个。

文字　金仁淑

韩国忠南大学英语语言与文学专业。主要作品有《点点点聚集起来》《我去跑腿》等。

插图　金珠景

设计专业毕业，现在是一名童书插图作家。曾经荣获第15届、第16届国际诺玛绘本插图竞赛杰作奖。主要作品有《飞鸟的风景》《幸福的帽子》《星星一家的太阳系探险之旅》等。

审定　郑光顺（韩国教员大学教授）、李光浩（韩国教员大学教授）、赵尚延（韩国首尔鹰峰小学教师）、何秀贤（韩国釜山晓林小学教师）

2007年和2009年开发了《端正的生活》《智慧的生活》《愉快的生活》等小学教科书。共同编写了小学《数学》教科书，并参与了韩国大教出版集团sobics主题综合全集《跳高英才》《跳高领导》的开发项目。

画家塞尚的苹果

【韩】金仁淑 / 文 【韩】金珠景 / 图

千太阳 / 译

中国出版集团　现代出版社

小老鼠们搬到了山上，这里只有孤零零的一户人家。

它们非常喜欢这个新家。

这里既没有吵吵闹闹的孩子，也没有力大无穷的大妈。

当然，还是有人住的，

那是一个画家。

他早晨来，中午走。

天天如此。

可是……

2

3

4

没过多久，小老鼠们就明白了：
"我们挑错房子了。"
为什么呢？因为这个房子里根本就没有食物。
因为不种地，所以不可能有谷物；
因为不做饭，所以不可能有剩饭；
因为没有客人来，所以连一块饼干也没有。
啊，只有一种可以吃的东西，
那就是苹果。

房间里的桌子上一直放着苹果，
但是，画家对那些苹果非常爱惜，
小老鼠们很难吃到一口。
而且，画家自己好像也不吃苹果。
那么，苹果是用来做什么的呢？
谁知道呢，小老鼠们也充满了好奇。
所以它们决定好好盯着看一看。

画家把5个苹果
全都装在了篮子里。
然后拿出4个放在了盘子中，
剩下的1个放在桌子上。
他盯着看了一会儿后，
又在盘子中放了2个，
桌子上放了3个。

他背着手走来走去，又看来看去，
出去又进来，看了又看，
然后又把分开的苹果合到了一起。
这时苹果又变成了5个，
最后竟然又重新被扔进了篮子里。

9

10

第二天，稍微有些不同。

画家带来了2个盘子，他把10个苹果分成了两份，

分别放在了四边形的盘子里5个，圆形的盘子里5个。

然后又呆呆地盯着看了很长一段时间，

好像不满意似的摇了摇头，

又把苹果重新倒进了篮子里。

被分成5个和5个的苹果又合在一起变成了10个。

画家离开后，小老鼠们坐在了一起。

"他到底在做什么？

为什么每天都在把苹果分分合合呢？"

"对呀，一会儿把10个苹果合在一起，

一会儿又分成5个和5个，这有什么不同吗？"

这时，有一只小老鼠突然两眼放光，说：

"除了可以把10个分成5个和5个，

还有其他的分法呀！"

14

第三天，画家依然把苹果摆放在了桌子上，
盯着看了一会儿后又走了。
于是，藏在一边的一只小老鼠跳到了桌子上，
开始移动苹果。
画家回来时，
10个苹果被分成了6个和4个。
画家看到后突然拿来了水杯和瓶子，
开始装扮起桌子。
然后拿起画笔"唰唰"地画了起来。

那天，画家把苹果放在桌子上就离开了。
但是，小老鼠们根本就不想吃苹果，
而是在思考用其他的方法把苹果分开。
小老鼠们把分开的苹果重新合到了一起，
被分成4个和6个的苹果重新变成了10个。
它们把10个苹果中的7个放在了盘子中，
把剩下的3个放在了桌子上。
第四天，画家又把这一幕画了下来。

○○图中的颜料一共有几管？分别是几管放在一起呢？ 17

小老鼠们非常开心。

因为把10个苹果分开的方法有很多种。

它们把苹果分成了8个和2个，

然后又分成了9个和1个。

小老鼠们把苹果分开，

画家就会画下来，

它们一整夜都在欣赏画家的画。

○○ 我有8颗糖，朋友有2颗糖，把我和朋友的糖合起来，一共有多少颗糖呢？

"我们是不是天才呀？"
"好像是呢！
我们竟然想出了人类都想不出来的办法。"
小老鼠们开心地唱起了歌。

"我们再把10个苹果分一下吧，

1个和9个，2个和8个，3个和7个，4个和6个，5个和5个。

现在轮到你们来猜一猜了！

9个和几个？8个和几个？7个和几个？6个和几个？

5个还是和相同的5个啦。"

◎◎回答一下小老鼠们唱的歌中提到的问题吧。　21

某一天，

正在看画的小老鼠们被吓了一跳。

"什么呀？这种分法不是我们想出来的呀！"

是的，画中的苹果按照另外不同的方法放着。

虽然同样还是10个苹果，

却被分成了5个、3个和2个。

23

"哇，竟然还有这样的分法！到底是怎么做到的呢？"

小老鼠们思考了很久。

终于，它们想起了把5个苹果分开的方法。

小老鼠们拿来在外面找到的装着豆子的口袋。

它们先拿出了10粒豆子，分成了5粒和5粒。

接下来又把5粒豆子分成了3粒和2粒。

于是，10粒豆子就被分成了5粒、3粒和2粒。

把5粒、3粒和2粒重新合起来，又变成了10粒。

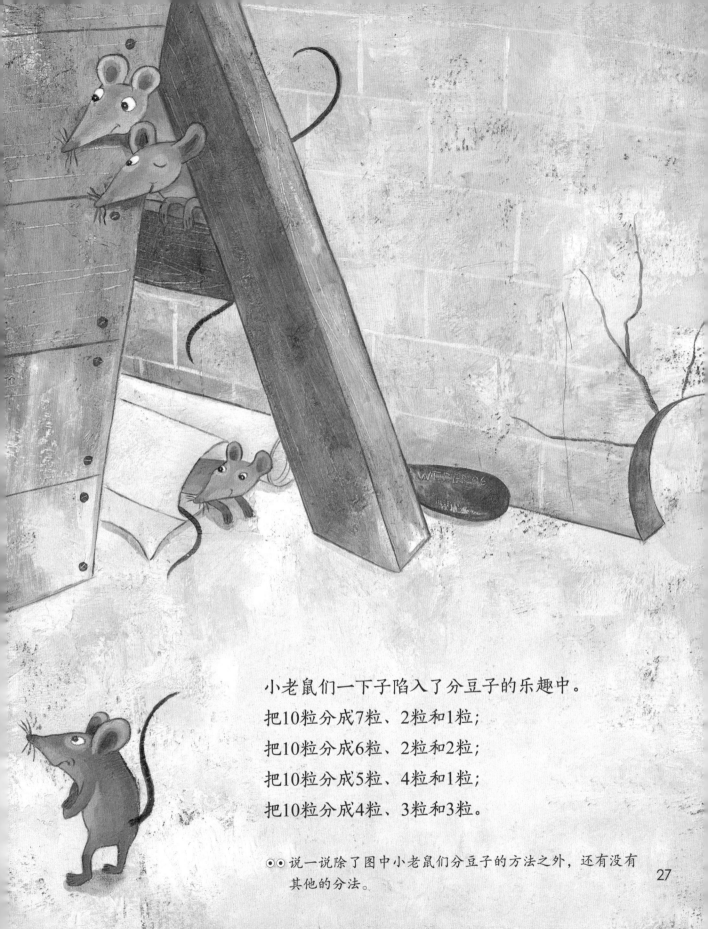

小老鼠们一下子陷入了分豆子的乐趣中。

把10粒分成7粒、2粒和1粒；

把10粒分成6粒、2粒和2粒；

把10粒分成5粒、4粒和1粒；

把10粒分成4粒、3粒和3粒。

◎◎ 说一说除了图中小老鼠们分豆子的方法之外，还有没有
    其他的分法。

27

小老鼠们迷上把豆子分分合合的时候，
画家依然不停地在画苹果。
后来画家的画变得非常有名。
那个画家是谁呢？
他就是被称为"现代美术之父"的塞尚。

分与合

• 把5分成两个数，然后再合起来

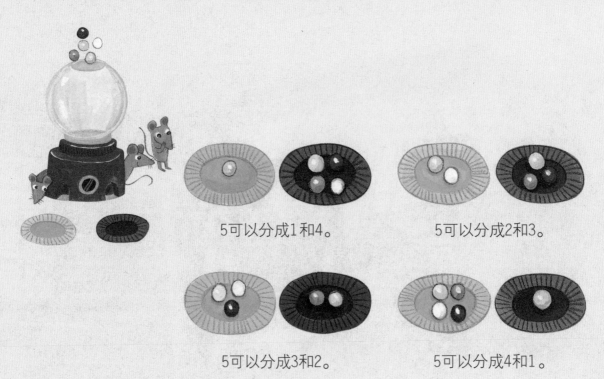

5可以分成1和4。　　　　　5可以分成2和3。

5可以分成3和2。　　　　　5可以分成4和1。

两个数重新合起来后依然是5。

• 把10分开再合起来

10可以分成两个数。

10可以分成9和1。

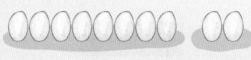

10可以分成8和2。

10可以分成7和3。

10可以分成6和4。

10可以分成5和5。

两个数重新合起来后就会变成10。

10还可以分成3个数。

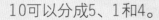

10可以分成5、1和4。　　　　　　10可以分成5、3和2。

请找出与本书对应的教具数字条。

• 合成5分别需要几块砖

把1为单位的数字条放在图中，合成5，说一说分别需要几块吧。

• 把两个数合起来组成10

在家里做做看

🏠 凑10游戏

制作数字卡片，一起玩有趣的游戏吧。

准备物品：写着1~9的数字卡片（可以把日历剪下来利用一下）

① 一个人从数字卡片中选一张，然后举向对方。

② 对方看到数字卡片后，找出可以与其合成10的数字卡片拦住对方。

③ 倒数5个数，如果对方没有拦住，就算对方输。

爸爸妈妈看过来

 # 分与合

　　分与合是加法和减法运算的基础。用数字10反复进行分与合，就可以轻松地熟悉个位数的加法和减法。这也是所有运算的基础。爸爸妈妈可以帮助孩子们轻松搞清楚比数字5更大的数字10的分与合。还可以让孩子通过把数字10用三个数进行分与合的活动，体验各种不同的运算。

13页 分为了左边5只，右边5只。 17页 一共有10管颜料，分为了3管和7管。 18页 10颗 21页 9个和1个，8个和2个，7个和3个，6个和4个 27页 可以分为8粒、1粒和1粒，6粒、3粒和1粒，4粒、4粒和2粒，3粒、5粒和2粒等。

数学游戏 4块，3块，2块，1块，0块；9和1，8和2，7和3，6和4，5和5

34

版权登记号：01-2020-4614

图书在版编目（CIP）数据

了不起的数学思维. 萌芽篇 /（韩）高英伊等著；（韩）孙律等绘；千太阳译. —北京：现代出版社，2021.1

ISBN 978-7-5143-8801-5

Ⅰ. ①了⋯ Ⅱ. ①高⋯ ②孙⋯ ③千⋯ Ⅲ. ①数学—儿童读物 Ⅳ. ①O1-49

中国版本图书馆CIP数据核字（2020）第157342号

画家塞尚的苹果

作 者	［韩］金仁淑/文 ［韩］金珠景/图
译 者	千太阳
责任编辑	崔雨薇
封面设计	八 牛 刘 璐
出版发行	现代出版社
通信地址	北京市安定门外安华里504号
邮政编码	100011
电 话	010-64267325 64245264（传真）
网 址	www.1980xd.com
电子邮箱	xiandai@vip.sina.com
印 刷	北京瑞禾彩色印刷有限公司
开 本	889mm×1194mm 1/16
字 数	70千
印 张	17.5
版 次	2021年1月第1版 2021年1月第1次印刷
书 号	ISBN 978-7-5143-8801-5
定 价	120.00元（全7册）

康定斯基

　　他是俄罗斯的著名画家。康定斯基擅长用符号和图形来描绘自己看到的事物和世界的模样，他是抽象美术的引领者。与那些原封不动描绘眼前事物的画家们截然相反，康定斯基画的圆形、三角形、四方形的画，不仅颜色漂亮，而且生动形象，看起来就像是会动一样。

了解基本图形

我们身边的事物都是由各种不同的形状构成的。电视机的屏幕是端正的四方形，三角尺是尖尖的三角形，球是圆溜溜的圆形。

文字　金景秀

　　新闻广播专业。现任设计艺术大学教师，教绘本制作。主要作品有《市场游戏书》《让朝鲜大笑的一幅画》《怀抱自然的房子》等。

插图　李宗均

　　视觉设计专业，曾任韩国有线电视漫画频道儿童卡通漫画的美术指导，现在是一名插图画家。主要作品有《毛驴就要有毛驴的样子》《哇！幸福的卡西帕罗》《噗噗的问候》等。

审定　郑光顺（韩国教员大学教授）、**李光浩**（韩国教员大学教授）、**赵尚延**（韩国首尔鹰峰小学教师）、**何秀贤**（韩国釜山晓林小学教师）

　　2007年和2009年开发了《端正的生活》《智慧的生活》《愉快的生活》等小学教科书。共同编写了小学《数学》教科书，并参与了韩国大教出版集团sobics主题综合全集《跳高英才》《跳高领导》的开发项目。

跟康定斯基
学画画

【韩】金景秀 / 文 【韩】李宗均 / 图

千太阳 / 译

中国出版集团　现代出版社

"听说一个叫康定斯基的
著名画家搬到了我们的村子里！"
原本安静的小山村瞬间变得热闹起来。
"听说康定斯基的画作非常了不起！"
"听说他的画形状和颜色都非常漂亮呢！"
从来没有见过康定斯基作品的村民们
激动地议论纷纷。

村子里有一个长着方下巴的画家。

"他到底画了什么样的画,才会这么有名呢?"

在一个黑漆漆的夜晚,方下巴画家悄悄来到康定斯基的房子外,

偷偷地透过窗户向里看。

康定斯基正在画中规中矩的四方形。

"啊!原来是那样画呀,

我也要从现在开始只画四方形,

然后变成像康定斯基一样有名的画家!"

5

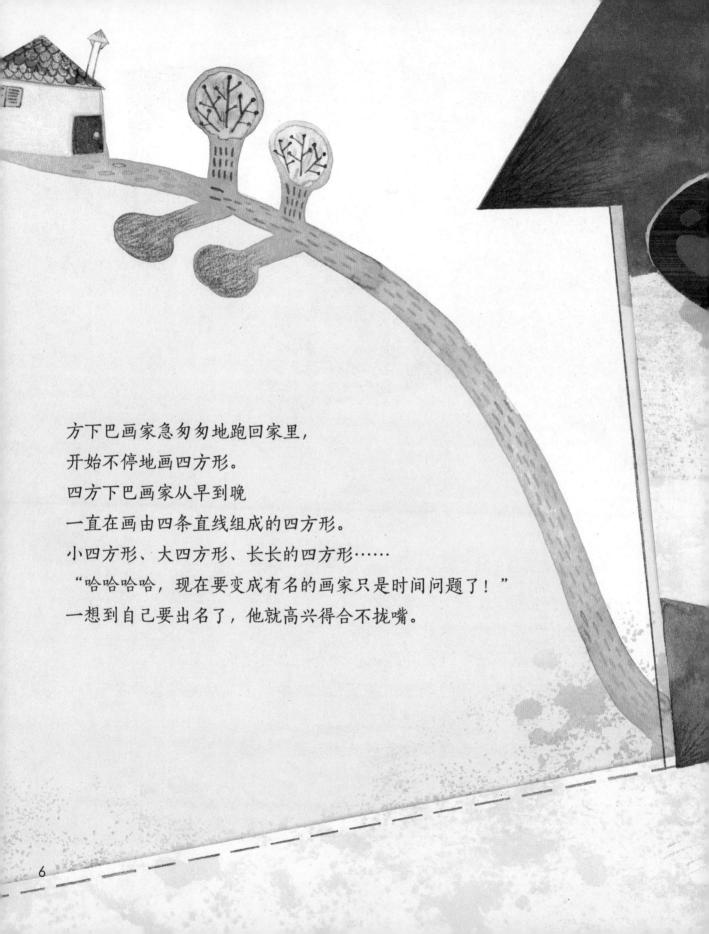

方下巴画家急匆匆地跑回家里，
开始不停地画四方形。
四方下巴画家从早到晚
一直在画由四条直线组成的四方形。
小四方形、大四方形、长长的四方形……
"哈哈哈哈，现在要变成有名的画家只是时间问题了！"
一想到自己要出名了，他就高兴得合不拢嘴。

8

方下巴画家画着画着，真的喜欢上了四方形。

"规规矩矩、有棱有角的模样就跟我的脸一模一样啊！

我太满意了！"

方下巴画家把家里的物品全都换成了四方形的。

桌子是四方形的，椅子是四方形的，

镜子是四方形的，包包也是四方形的。

方下巴画家就连三明治也做成了四方形的了。

●● 方下巴画家的房间里有
很多四方形的物品。找
一找有哪些吧。

这个村子里还住着一位小胡子画家。

小胡子画家也在凌晨的时候偷偷去了康定斯基的房子外，

透过窗户向里面偷看。

康定斯基一直画到凌晨的是一堆尖尖的三角形。

"原来如此！就是这个呀，我也要从现在开始只画三角形，

然后成为像康定斯基一样的顶级画家！"

11

12

小胡子画家一边吹着胡须，一边兴冲冲地跑回家，
开始认真地画起三角形。
他只画由三条直线组成的三角形。
小三角形、大三角形、长长的三角形……
"哈哈哈，现在要成为有名的画家只是时间问题了！"
一想到自己马上就要出名，他兴奋地摇起脑袋。

14 ◎◎小胡子画家的房间里有很多三角形
的物品，找一找有哪些吧。

小胡子画家画着画着，真的喜欢上了三角形。

"三角形尖尖的、精致的样子，跟我的小胡子一模一样啊！

我真是太满意了！"

小胡子画家把家里的物品全都换成了三角形的。

钟表是三角形的，相框是三角形的，

书桌是三角形的，平底锅也是三角形的。

小胡子画家就连饭团也做成三角形的了。

这个村子里还住着一位圆脸画家。

圆脸画家装作散步的样子，

悄悄地来到康定斯基的房子附近，透过窗户向里面偷看。

他看到康定斯基正在画很多圆圆的圆形。

"对呀，对呀，原来就是画这个。

我也要从现在开始只画圆形，

然后变成比康定斯基更有名的画家！"

圆脸画家急匆匆地跑回家，
开始不停地画圆形。
他连厕所都不去，
不停地画没有直线的圆形。
小的圆、大的圆、
这样的圆、那样的圆……
"哈哈哈，现在要成为顶级画家就只是时间问题了！"
一想到自己马上就要出名，他就高兴得两眼放光。

18

19

圆脸画家画着画着，
真的喜欢上了圆形。
"既像太阳又像满月的圆圆模样，
跟我的脸一模一样呀！我真是太满意了！"

20　　　　　　　　　　　　●●圆脸画家的房间里有很多圆形的物品，全部找出来吧。

圆脸画家把家里的物品全都换成了圆形的。

壁纸图案是圆形的，眼镜是圆形的，

盘子是圆形的，坐垫也是圆形的。

圆脸画家把甜甜圈和饼干也都做成了圆形的了。

21

有一天,
村子里的画家们
全都收到了一张邀请函。

22

终于到了我发挥
实力的时候了！四方
形，四方形，我要画
四方形。我要画满满
的四方形！

画家们全都忙起来了，
都在准备参加展览的作品。

24

找一找自己房间里的物品中有没有四方形、三角形的和圆形。

从自己的画作中挑选出最好的作品来
参加展览的三位画家，
不停地夸耀着自己的作品。
方下巴画家骄傲地仰着下巴说：
"四方形的画！这是多么伟大呀！"

小胡子画家也一边摸着自己的小胡子，
一边骄傲地说：
"你不懂！
只要看着就能让人充满力量的三角形
才是最棒的。"

额头闪闪发光的圆脸画家也加入到炫耀的队伍中。
"哈哈哈，当然是圆形最棒了！
如果没有圆形的轮子
世界怎么前进呢？"

好！让我们再看看康定斯基的画，再决定四方形、三角形、圆形中到底什么形状最棒吧！

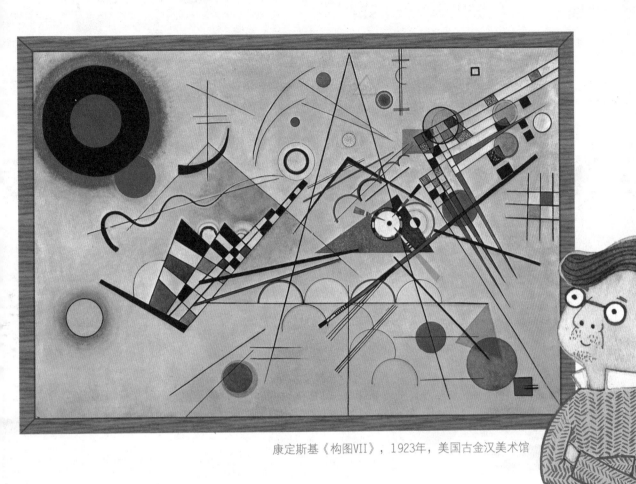

康定斯基《构图VII》，1923年，美国古金汉美术馆

三位画家看了康定斯基的画后震惊不已。
康定斯基并没有只画由四条直线组成的四方形，
也没有只画由三条直线组成的三角形，
当然更没有只画没有直线的圆形。
在康定斯基的画中，
既有规规矩矩的四方形，也有尖尖的三角形和圆圆的圆形。

了解基本图形

• 四方形、三角形、圆形都是基本图形

四方形有四条直线。

三角形有三条直线。

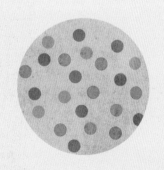

圆形没有直线。

• 从图中的物品中找一找基本图形

四方形可以从桌子、钟表、包包、书中找到。

三角形可以从衣架、平底锅、电熨斗中找到。

圆形可以从椅子、盘子、眼镜中找到。

除此之外，还可以从哪些物品中找到基本图形呢？

可以利用与本书对应的教具图形块玩游戏。

• 从四方形、三角形、圆形中找出适合下面图画的形状

找出四方形、三角形、圆形的图形块，放在上图中合适的位置。

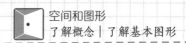

在家里做做看

动手动脑制作汽车

用牛奶盒制作带有三角形、四方形和圆形图案的汽车。

> 准备物品：1个大牛奶盒、锥子、彩纸、胶水、剪刀、
> 笔、2根吸管（2根圆形小棍或秸秆也可以）

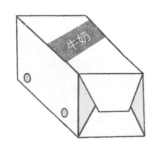

❶ 把牛奶盒的一个侧面剪开，用剪开的这面做底面，然后用锥子在牛奶盒的另外2个侧面的下半部分分别钻2个小洞。

❷ 用剪下来的牛奶盒纸做成8个一样大的圆形，把2个粘到一起，做成4个车轮；然后用彩纸剪出圆形，贴在轮子上；最后用锥子在每一个轮子中间钻一个小洞。

❸ 把吸管穿进牛奶盒侧面下半部分钻好的小洞里，然后在吸管两边穿上车轮。

❹ 把彩纸剪成四方形、三角形、圆形等图形，分别贴在汽车上做装饰，好看的小汽车就完成了。

爸爸妈妈看过来

了解基本图形

三角形、四边形、圆形都是基本图形。让孩子们观察身边的物品，熟悉基本图形的特征。在这过程中让孩子们最大限度地接触圆形、三角形、四方形等形状的图形。

32页

版权登记号：01-2020-4614

图书在版编目（CIP）数据

　　了不起的数学思维. 萌芽篇 /（韩）高英伊等著；（韩）孙律等绘；千太阳译. —北京：现代出版社，2021.1

　　ISBN 978-7-5143-8801-5

　　Ⅰ. ①了⋯　Ⅱ. ①高⋯　②孙⋯　③千⋯　Ⅲ. ①数学—儿童读物　Ⅳ. ①O1-49

中国版本图书馆CIP数据核字（2020）第157342号

跟康定斯基学画画

作　　者	［韩］金景秀/文　［韩］李宗均/图
译　　者	千太阳
责任编辑	崔雨薇
封面设计	八　牛　刘　璐
出版发行	现代出版社
通信地址	北京市安定门外安华里504号
邮政编码	100011
电　　话	010-64267325　64245264（传真）
网　　址	www.1980xd.com
电子邮箱	xiandai@vip.sina.com
印　　刷	北京瑞禾彩色印刷有限公司
开　　本	889mm×1194mm　1/16
字　　数	70千
印　　张	17.5
版　　次	2021年1月第1版　2021年1月第1次印刷
书　　号	ISBN 978-7-5143-8801-5
定　　价	120.00元（全7册）

高迪

    高迪是出生于西班牙的世界著名建筑师。他最擅长的就是利用柔和的曲线打造出弯弯曲曲的建筑。他很喜欢使用花朵和树木等来自大自然的装饰品，此外，他还能够在不破坏山丘的前提下竖起支柱，建造出与山丘相协调的房子。高迪的建筑一直把人与自然的和谐统一考虑在其中。

区分左边和右边

　　区分空间顺序时，有个方法就是可以以自己为标准。左手所在的位置就是左边，相反的一边就是右边。

文字 金智妍

韩国延世大学英语语言文学专业，并修完了心理学的课程。主要作品有《为什么这么忙碌？》《为妈妈们准备的名著作家故事》《奶奶的比萨》等。

插图 朱英根

建筑学专业毕业。因为迷上了绘本而开始画插图，为众多杂志、报纸、图书都画过插图。

审定 郑光顺（韩国教员大学教授）、**李光浩**（韩国教员大学教授）、**赵尚延**（韩国首尔鹰峰小学教师）、**何秀贤**（韩国釜山晓林小学教师）

2007年和2009年开发了《端正的生活》《智慧的生活》《愉快的生活》等小学教科书。共同编写了小学《数学》教科书，并参与了韩国大教出版集团sobics主题综合全集《跳高英才》《跳高领导》的开发项目。

从高迪的建筑中获得灵感

【韩】金智妍 / 文 【韩】朱英根 / 图

千太阳 / 译

中国出版集团　现代出版社

马里奥是建筑专业的学生。

在即将毕业时，马里奥得到了一个举办展览的机会。

但是，他绞尽脑汁也想不出好的点子。

有一天，马里奥恍然大悟地拍了一下膝盖，

"高迪老师！

我要找伟大的建筑师高迪老师来帮我。"

马里奥找人打听了去高迪老师家的方法，
然后写在了一张纸上。
"见到高迪老师后，
我和他聊聊，一定可以想出好的点子。"
马里奥拿着字条去找高迪的家。
"在有大树的地方，选择右边那条路。
右手所在的一边就是右边，
所以走这一边就可以了。"

前往高迪
老师家的方法

- 再走一会儿就会看见两条分岔路，这次走左边的那一条。
- 沿着路走一会儿，就能看见三栋房子。位于中间的房子就是高迪老师的家。

6

沿着右边的路走了一会儿后，
马里奥再次遇到了两条分岔路。
"这次要走左边的路，
左手所在的一边就是左边！"
向左边走了一会儿后，他看见了三栋房子。
"说的是三栋房子中间的那一栋，就是这里！
但是高迪老师在家吗？"

○○用手指一指高迪老师的房子是哪一栋吧。 7

马里奥正准备敲门，
门一下子开了，一个男人走了出来。
马里奥把高迪的徒弟当作了高迪。
"高迪老师，我是一个正在学习建筑的学生，
希望得到您的帮助。"
高迪的徒弟想跟马里奥开个玩笑。

8

10

徒弟假装自己是高迪，
"嗯，你需要我帮你做什么呢？"
马里奥打开了自己的设计图。
"这是我想要打造的建筑，
两个长得一模一样的建筑
中间有一个连接的通道。
但是，我总觉得哪里有些不对劲。"

高迪的徒弟心里暗想：
我可以指使这个人替我去做
高迪老师安排我做的工作。
于是他对马里奥说：
"你拿着这个箱子跟我走吧！
什么都不要问，
只要按照我说的要求去做就可以。
然后，我就会告诉你解决问题的秘诀。"

13

马里奥跟着高迪的徒弟出发了。

他们两个人来到高迪建造的著名建筑前，

"在最顶层有一个放着绿植的窗户，

从那扇窗户往右数第二个窗户上有污渍，

你去擦干净吧！"

马里奥抬头看了看建筑，

"最顶层放着绿植的窗户

往右数第二个窗户，啊！就是那里。"

15

马里奥去了放着绿植的屋子。

然后爬到了窗户外面，

小心翼翼地挪动到右边第二个窗户所在的地方，

就像一只蜘蛛。

他用抹布擦干净了窗户上的污渍。

"呼！建筑上面到处都是弯弯曲曲的线，

很难找到地方落脚啊。

为什么要设计成这样呢？"

高迪的弟子大喊起来：

"呀！我不是说了什么都不要问嘛！"

他们又去了另一个建筑那里。

这也是高迪建造的著名建筑物。

"三个建筑中间那个建筑的屋脊上

有一些凸出的装饰。

从最右边数第四个装饰碎了，

你去换上一个新的吧。"

马里奥抬头看了看建筑物，

"从最右边数第四个装饰，就是那个了。"

◦◦ 看一看三个建筑中最左边那个建筑的3楼。有人的窗户是从最左边数第几个窗户呢？

这个建筑二楼的猫咪在从最右边数的第几个窗户里呢？

马里奥就像一只趴在妈妈后背上的小考拉一样趴在屋脊上，小心翼翼地爬行。
好不容易把从最右边数第四个装饰换成了全新的。

"建筑的屋脊是弯弯曲曲的，
所以很难趴在上面。"
这时，高迪的徒弟正在胡思乱想：
"马上就该告诉他秘诀了，这可怎么办呢？"

最后他们来到了公园里。

公园里的一切——建筑、排椅、雕像等都是高迪打造的。

"人们总是去摸蜥蜴雕像，导致瓷砖都掉了。
你先在蜥蜴右边的脸上贴一块橘黄色的瓷砖，
然后再在蜥蜴的左后腿上贴一块绿色的瓷砖吧。"

◎◎ 从蜥蜴的尾部向头部看，说一说高
迪的徒弟和马里奥分别站在蜥蜴的
哪一边？

马里奥站在蜥蜴后面，说：
"区分物体的右边和左边，
从后面看就很容易搞清楚了。
先像我这样站到后面，
我的右手边就是右边，
我的左手边就是左边。"

马里奥把蜥蜴右边的脸颊
和左后腿上的瓷砖重新贴好了。
此时高迪的徒弟非常紧张，心想：
"要不要实话实说，告诉他我不是高迪老师？
或者直接逃跑？怎么办，怎么办？"

所有工作结束后，马里奥环顾了一下公园。

"高迪老师的建筑全都是弯弯曲曲的轮廓。

啊！我知道了！"

马里奥紧紧地抱住了高迪的徒弟，

"高迪老师，谢谢您！

您一定是为了让我明白曲线的妙用，才会让我做这些事情吧？"

高迪的徒弟一脸诧异，
结结巴巴地回答：
"啊，啊！是的，就是这个原因。"
马里奥两眼放光，
立即跑回自己的家。

27

几天后，

高迪收到了一封信和一张设计图。

这是马里奥寄来的。

高迪一边读信，

一边不解地歪了歪头。

区分左边和右边

• 区分左边和右边

这是左手，
左手所在的一边
就是左边。

这是右手，
右手所在的一边
就是右边。

小朋友的左边有猫咪和花朵，

小朋友的右边有小鸡和树木，

猫咪在小朋友和花朵的中间。

• 说出准确的位置

一楼，从左边数第一个房间里住着小狗，

二楼，从左边数第二个房间里住着小兔子，

二楼，从右边数第三个房间里住着鳄鱼，

三楼，从左边数第一个房间里住着貉子，

四楼，从左边数第三个房间里住着狮子，

五楼，从右边数第五个房间里住着猫咪。

• 把雪人打扮漂亮一些吧

给小朋友左边的雪人画上红色的帽子，

给小朋友右边的雪人画上蓝色的帽子，

给中间的雪人画上两个木棍做胳膊，

给小朋友右边的雪人画上笑脸的表情，

给小朋友左边的雪人画上生气的表情。

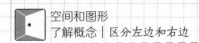
在家里做做看

图书管理员

和妈妈玩图书管理员的游戏，了解一下右边和左边。

❶ 让孩子从书架上找到妈妈指定的书并拿过来。妈妈可以对孩子说："从下面数第二层，从右边数第三个格子里的书中，从左边数第二本书，帮我拿过来吧。"当孩子把书拿过来后可以一起阅读。

❷ 把书递给孩子，让他整理一下书架。妈妈可以让孩子把书放在"从下面数第二层，从左边数第三个格子里"。

❸ 也可以让妈妈帮孩子拿他想读的书。可以根据家里书架的形状选择各种不同的描述方法。

爸爸妈妈看过来

区分左边和右边

孩子们也许会觉得区分右边和左边是一件很困难的事情。为了让孩子熟悉区分右边和左边，可以让他们以自己的身体为标准，搞清楚位于右手边的就是右边，位于左手边的就是左边。还可以通过妈妈与孩子面对面站立，举起相同方向的手，一个人举的是右手，另一个人举的就是左手这个事实，让孩子分清左右。

●● 正确答案

4—5页

6—7页

18页 第二个，
第二个。

22页 高迪的徒弟
站在蜥蜴的
右边，马里奥
站在蜥蜴的
左边。

数学
游戏

版权登记号：01-2020-4614

图书在版编目（CIP）数据

　　了不起的数学思维. 萌芽篇 /（韩）高英伊等著；（韩）孙律等绘；千太阳译. —北京：现代出版社，2021.1

　　ISBN 978-7-5143-8801-5

　　Ⅰ. ①了…　Ⅱ. ①高…　②孙…　③千…　Ⅲ. ①数学—儿童读物　Ⅳ. ①O1-49

　　中国版本图书馆CIP数据核字（2020）第157342号

从高迪的建筑中获得灵感

作　者	［韩］金智妍/文　［韩］朱英根/图
译　者	千太阳
责任编辑	崔雨薇
封面设计	八　牛　刘　璐
出版发行	现代出版社
通信地址	北京市安定门外安华里504号
邮政编码	100011
电　话	010-64267325　64245264（传真）
网　址	www.1980xd.com
电子邮箱	xiandai@vip.sina.com
印　刷	北京瑞禾彩色印刷有限公司
开　本	889mm×1194mm　1/16
字　数	70千
印　张	17.5
版　次	2021年1月第1版　2021年1月第1次印刷
书　号	ISBN 978-7-5143-8801-5
定　价	120.00元（全7册）

石宙明

　　他是韩国的蝴蝶学家，热衷于在韩国各地寻找蝴蝶，研究蝴蝶。石宙明喜欢用形象的语言为蝴蝶命名——如"烟囱蝴蝶"指的是像烟囱一样黑黑的蝴蝶，"春姑娘蝴蝶"指的是在春天出现，很快就消失不见的蝴蝶。

了解规律

　　身边有哪些东西具备反复出现的规律呢？找一找窗帘或壁纸的花纹中有什么规律吧。

文字　高英伊

　　韩国梨花女子大学地理教育专业。因为喜欢为孩子写书，而成为一名作家。主要作品有《谁吃掉了美味的可乐饼？》《如果菲律宾没有了杜果树》《因为你而头疼》等。

插图　李秀贤

　　动画专业毕业，现在主要为儿童作品画插图。主要作品有《塞尚》《月亮的玉兔》《我们的土地太了不起了》等。

审定　郑光顺（韩国教员大学教授）、李光浩（韩国教员大学教授）、赵尚延（韩国首尔鹰峰小学教师）、何秀贤（韩国釜山晓林小学教师）

　　2007年和2009年开发了《端正的生活》《智慧的生活》《愉快的生活》等小学教科书。共同编写了小学《数学》教科书，并参与了韩国大教出版集团sobics主题综合全集《跳高英才》《跳高领导》的开发项目。

画蝴蝶的乱糟糟博士

【韩】高英伊 / 文　【韩】李秀贤 / 图

千太阳 / 译

中国出版集团　　现代出版社

正在看报纸的乱糟糟博士突然被吓得摔倒在地上，
"什么？石宙明博士又发现了新的蝴蝶！"
乱糟糟博士也是一位像石宙明博士一样研究蝴蝶的学者。
但是，他总是比石宙明博士落后一步。

著名蝴蝶博士石宙明，
发现了新的蝴蝶

现代报

"新品种蝴蝶"，因为其瑞雪一样的纯白色以致取了"瑞雪蝴蝶"这个名字。

▲ 拿着新品种蝴蝶标本的石宙明博士

3

乱糟糟博士想变得像石宙明博士一样有名，
他不停地追赶着石宙明博士，
却丝毫没有用。

"为什么只有石宙明博士能看见新的蝴蝶呢？"
乱糟糟博士想，"不管使用什么手段，
我都要战胜石宙明博士。"
一连绞尽脑汁想了几天后，
乱糟糟博士突然有了一个好主意。
他对助手大喊：
"你赶紧去抓蝴蝶幼虫，越多越好！"

乱糟糟博士的研究室里按规律摆放的东西, 是哪两种呢?

7

助手抓来了蝴蝶幼虫后，
乱糟糟博士立即拿出了颜料和画笔，说：
"如果找不到新的蝴蝶，我就把它创造出来。"
说完，他开始给蝴蝶幼虫从头到尾涂上颜色。
"涂紫色，涂黄色；涂紫色，涂黄色；
紫色，黄色；紫色，黄色；紫色，黄色。"

乱糟糟博士非常喜欢蝴蝶幼虫。

"石宙明博士是根据蝴蝶的外形特点给它们起名字的吧？
我也要给这个蝴蝶起个名字。

因为我给蝴蝶涂了紫色、黄色；紫色、黄色；紫色、黄色，
就叫紫黄如何？

再在后面加上我的名字吧！'紫黄乱糟糟'怎么样？"

"博士，真的很不错呢。"

◉◉ 除了被乱糟糟博士涂色的幼虫外，还有一件物品很有规律，在图中找一找吧。

乱糟糟博士拍了蝴蝶幼虫的照片后寄给了报社。

第二天，看到报纸后的乱糟糟博士心情非常好，

"哈哈哈哈哈！你看，我上报纸了。"

乱糟糟博士开心地手舞足蹈，

这边戳一下，那边戳一下。

这边戳，那边戳；这边戳，那边戳；这边戳，那边戳。

但是，乱糟糟博士没有得到满足。

"仅凭这个是无法战胜石宙明博士的，

我要再次创造新的幼虫。"

这一次，乱糟糟博士把一条幼虫的身体涂成了

蓝色，蓝色，橘色；蓝色，蓝色，橘色；蓝色，蓝色，橘色。

"你的名字是'蓝蓝橘乱糟糟'！"

他把另一条涂上了三角形，圆形，圆形；三角形，圆形，圆形；

三角形，圆形，圆形。

"你的名字是'角圆圆乱糟糟'，哈哈，我可能真的是个天才！"

◎◎ 找一找自己的物品中有规律的东西。　　15

乱糟糟博士这次又拍了照片寄给了报社。

很快，乱糟糟博士就收到了报社记者打来的电话，

"乱糟糟博士，我们想给您做一个大版面报道，

明天能不能见面谈一谈呢？"

乱糟糟博士下意识地说：

"到我的研究所来吧，

研究所里还有很多新的幼虫。"

乱糟糟博士挂断电话后，
立即开始给幼虫涂色。
"哎哟，好忙呀。全靠我一个人是完成不了了。"
他把画笔和颜料递给了助手，
"我来说，你按照我说的顺序给幼虫的身体涂色。
这个是白色，粉色，粉色；白色，粉色，粉色；
白色，粉色，粉色的顺序反复，
所以接下来应该涂白色了吧？"

助手根据乱糟糟博士的指示，开始给剩余的部分涂色。
"这个家伙是按照一个点，两个点的顺序不停反复的，
所以在空白处画两个点就可以了。
嗯，这个家伙是按照红色，红色，黑色的顺序反复的，
那么空着的部分应该涂什么颜色呢？"

◎◎红色，红色，黑色
幼虫空白的地方
应该涂上什么
颜色呢？

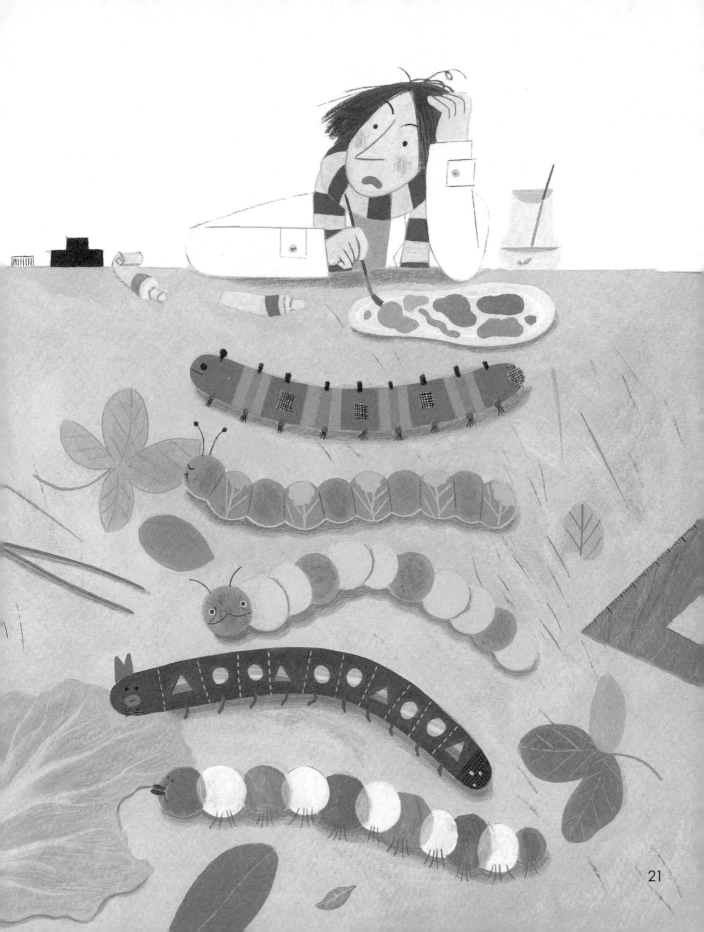

乱糟糟博士和助手整晚都在给幼虫们涂色。
"记者们马上就要来了，抓紧时间。"
乱糟糟博士把幼虫全都放在了草地里，
"怎么样，是不是很像那么回事儿？"
"博士果然是天才，天才呀！"

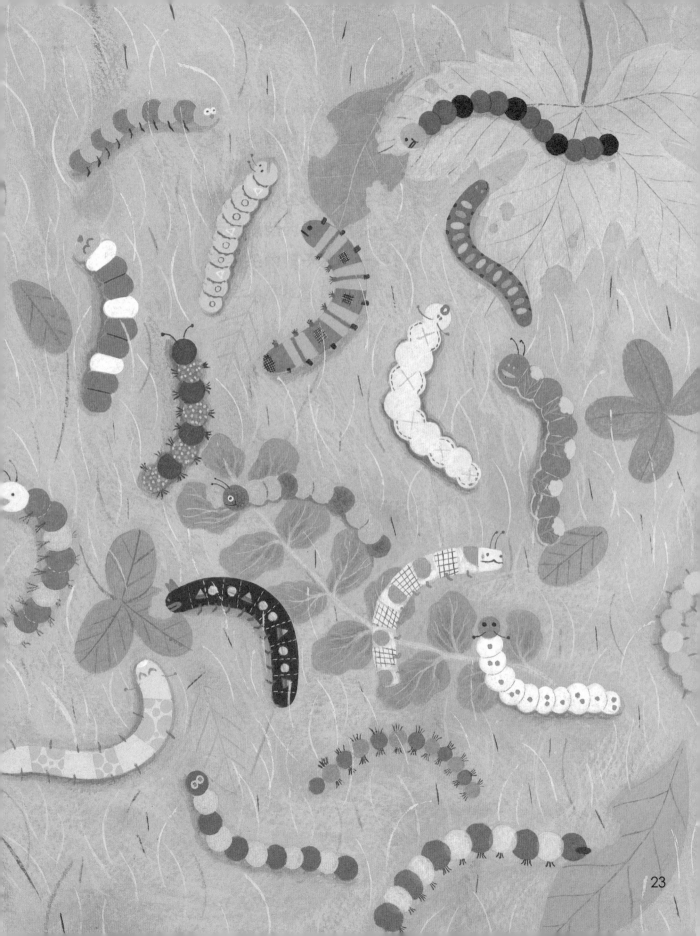

报社记者这时刚好到了研究室，

"真是一个了不起的发现呀，博士应该能得诺贝尔奖了。"

听到"诺贝尔奖"这几个字，

乱糟糟博士和助手高兴地跳起舞来。

博士这边戳一下，助手也跟着这边戳一下，

博士那边戳一下，助手也跟着那边戳一下。

这边戳，那边戳；这边戳，这边戳；

这边戳，那边戳；这边戳，这边戳；

这边戳，那边戳；这边戳，这边戳。

◎◎ 一边唱歌一边跟着博士和助手的动作跳舞，
然后编一个具有反复规律性动作的舞蹈吧。

就在这时，滴答，滴答。

天上突然开始下起雨来。

雨滴渐渐变大，很快就变成了一场大雨。

"咦？幼虫的颜色正在发生改变。"记者们疑惑着。

"该死，雨水把颜料都冲掉了！"

记者们这才发现自己被欺骗了，

而乱糟糟博士已经消失不见。

邂逅蝴蝶画家"乱糟糟画家"。

蝴蝶博士石宙明也陷入了"乱糟糟画家"的魅力中。

乱糟糟博士很长一段时间都
羞愧地抬不起头来。
后来他放弃了寻找新的蝴蝶，
而是发挥自己给蝴蝶涂色的能力，
成了一名画蝴蝶的画家。

了解规律

• 在日常生活中可以找找颜色和形状的规律

这是一条颜色按照红色，绿色；红色，绿色；红色，绿色的顺序规律性反复的围巾。

这是一条颜色按照红色，红色，绿色；红色，红色，绿色；红色，红色，绿色的顺序规律性反复的围巾。

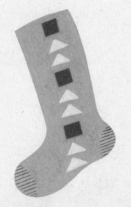

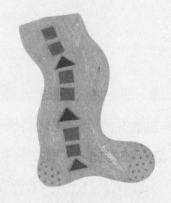

这是一只形状按照正方形，三角形，三角形；正方形，三角形，三角形；正方形、三角形、三角形的顺序规律性反复的袜子。

这是一只形状按照正方形，正方形，三角形；正方形，正方形，三角形；正方形、正方形、三角形的顺序规律性反复的袜子。

• 可以预测动作规律

按照跳，拍手；跳，拍手；跳，拍手的顺序规律性反复。

所以站在最右边的孩子应该拍手。

把手放在腰部，腰部，头部；腰部，腰部，头部；腰部，腰部，头部的动作规律性反复出现。

所以站在中间的孩子应该把手放在腰部。

• 把房子装饰得五颜六色吧

屋顶涂成了橘黄，淡绿；橘黄，淡绿；橘黄，淡绿；⬜，⬜的颜色。

墙上画着正方形，星星，星星；正方形，星星，星星；⬜，⬜，星星。

篱笆是黄色，黄色，橘黄；黄色，黄色，橘黄；⬜，黄色，⬜的颜色。

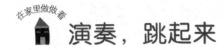

演奏，跳起来

和妈妈一起完成一场演奏，一边演奏一边快乐地跳舞。

准备物品：锅或者其他容器，塑料杯或易拉罐，木筷子或铅笔

① 准备两个材质不同的容器。

② 用木筷子或铅笔敲击容器，编出有规律的节奏进行演奏。

③ 跟着编好的节奏，利用肩膀、手、脚、屁股确定规律性的动作，编成舞蹈。

④ 跳舞的过程中，一个人停下来时，另一个人根据规律继续跳下去。

爸爸妈妈看过来

了解规律

了解了A-B模式的规律，就可以成为理解所有规律的基础。A-B模式的规律是两种内容进行反复的最简单的规律。在路上的人行横道、条纹裙子、洗手间瓷砖等物品上都可以找到常见的规律。此外，在律动和声音中也能找到规律，可以跟孩子一起找一找。那么，接下来就可以教他们理解A-B-B和A-A-B等变形的规律了。

7页　窗台的花盆，墙上挂着的蝴蝶相框　**10页**　助手的围巾颜色　**20页**　红色
数学游戏　橘黄，淡绿；正方形，星星；黄色，橘黄

版权登记号：01-2020-4614

图书在版编目（CIP）数据

了不起的数学思维.萌芽篇 /（韩）高英伊等著；（韩）孙律等绘；千太阳译.—北京：现代出版社，2021.1

ISBN 978-7-5143-8801-5

Ⅰ. ①了…　Ⅱ. ①高…　②孙…　③千…　Ⅲ. ①数学—儿童读物　Ⅳ. ①O1-49

中国版本图书馆CIP数据核字（2020）第157342号

画蝴蝶的乱糟糟博士

作　　者　［韩］高英伊/文　［韩］李秀贤/图
译　　者　千太阳
责任编辑　崔雨薇
封面设计　八　牛　刘　璐
出版发行　现代出版社
通信地址　北京市安定门外安华里504号
邮政编码　100011
电　　话　010-64267325　64245264（传真）
网　　址　www.1980xd.com
电子邮箱　xiandai@vip.sina.com
印　　刷　北京瑞禾彩色印刷有限公司
开　　本　889mm×1194mm　1/16
字　　数　70千
印　　张　17.5
版　　次　2021年1月第1版　2021年1月第1次印刷
书　　号　ISBN 978-7-5143-8801-5
定　　价　120.00元（全7册）

海伦·凯勒

　　给残疾人带来力量和勇气的美国社会活动家。海伦·凯勒看不见也听不见，她却是世界上第一个从大学毕业的残疾人。海伦·凯勒有一位恩师——莎莉文老师。她从莎莉文老师那里学习了手掌文字，这成为她学习的基础。《假如给我三天光明》是海伦·凯勒亲自撰写的代表作。

简单分类

　　试着把身边的物品进行分类吧！你会根据什么标准进行分类呢？可以把相同颜色或相同形状的物品分到一类。

文字　李善雅

　　韩国汉阳大学社会学专业，在养育三个孩子的过程中迷上了绘本。主要作品有《喜笑颜开大鼻子医生》《捡稻穗的孩子》等。

插图　李贤珠

　　韩国桂园艺术大学动画专业。在EBS主办的世界插图巨匠展中荣获了插图公募大奖，此外还荣获了博洛尼亚儿童图书展最佳童书奖等众多奖项。主要作品有《葛丽梅的白色画布》等。

审定　郑光顺（韩国教员大学教授）、**李光浩**（韩国教员大学教授）、**赵尚延**（韩国首尔鹰峰小学教师）、**何秀贤**（韩国釜山晓林小学教师）

　　2007年和2009年开发了《端正的生活》《智慧的生活》《愉快的生活》等小学教科书。共同编写了小学《数学》教科书，并参与了韩国大教出版集团sobics主题综合全集《跳高英才》《跳高领导》的开发项目。

海伦·凯勒的魔法手

【韩】李善雅 / 文　【韩】李贤珠 / 图

千太阳 / 译

中国出版集团　现代出版社

在漂亮的院子里，一个小女孩正在跟小狗玩耍。

"你在摇尾巴呢，看来心情很好呀！"

小女孩摸了摸它，很快就知道小狗的心情了。

这个小女孩就是海伦·凯勒。

海伦·凯勒的眼睛看不见，

耳朵也听不到。

所以她用稍微有些不一样的方法去看，去听。

4

海伦·凯勒在花园里玩耍时，
女仆走进了海伦·凯勒的房间。
桌子上和窗台上
放满了大大小小的花盆。
地上到处都是玩具娃娃，
连落脚的地方都没有。

5

女仆先从玩具娃娃开始整理，
穿着红色衣服的娃娃放在一起，

6

穿着黄色衣服的娃娃放在一起。

她把穿着相同颜色衣服的娃娃放在了同一个筐子里。

女仆向窗外看了看，
海伦·凯勒依然在院子里跟小狗玩耍呢。
女仆放心了，立即开始整理花盆——
大花盆跟大花盆放在一起，
小花盆跟小花盆放在一起。

房间马上就要整理好时，海伦·凯勒走了进来。

"啊！"

正在抚摩娃娃的海伦·凯勒突然哭了起来。

妈妈吓得赶紧跑了过来，

她看到玩具娃娃散落了一地，

海伦·凯勒则一边哭一边扔娃娃。

妈妈不知道该怎么办，深深地叹了一口气。

妈妈决定请一位老师
来教海伦·凯勒。
莎莉文老师来了，
海伦·凯勒却丝毫没有改变。
她动不动就把房间弄得一团糟，并且经常大喊大叫。
莎莉文老师默默地看着海伦·凯勒。

◎◎ 桌子上形状相同的相框放在了一起，说一说它们分别是什么形状吧。

有一天，
莎莉文老师正看着
在院子里玩耍的海伦·凯勒。
海伦·凯勒有时候会轻轻地拿起一块石头握在手里，
有时候又会在脸上轻轻地揉一揉。
然后把石头往箱子里装。

尖尖的石头跟尖尖的石头放在一起，
圆圆的石头跟圆圆的石头放在一起。

◉◉ 花园里把相同颜色的东西进行了整理，那是什么呢？

莎莉文老师看到这一幕后非常震惊，
"看不见的孩子竟然可以这样做？"
莎莉文老师轻轻地拍了拍海伦·凯勒的肩膀，
然后开始用手指在她的手掌心里写字，
"原来海伦有一双魔法手呀。"
海伦·凯勒非常喜欢"魔法手"这个说法。

17

那天晚上，
躺在床上的莎莉文老师
突然被海伦妈妈的叫喊声吓得坐了起来。
"海伦！你又把房间弄得一团糟，
能不能安静一会儿呢？"
海伦·凯勒好像很生气，不停地跺脚。
莎莉文老师在海伦凯勒的手掌心写了这样一句话：
"海伦，你把房间按照自己喜欢的样子整理一下吧。"

犹犹豫豫的海伦·凯勒慢慢地拿起了玩具娃娃。

她一会儿用手指使劲按一下，

一会儿又把娃娃轻轻地抱一下。

坚硬的木头娃娃跟木头娃娃放在一起，

软软的毛绒玩具跟毛绒玩具放在一起，

它们分别被放在了不同的筐子里。

◎◎ 把自己的玩具拿出来，把软软的玩具放在一起，再把硬硬的玩具放在一起，试着进行整理。

这次，她又把鼻子凑近花盆，
一盆一盆地拿起来闻了闻味道。
没有香味的花放在一起，
有香味的花放在一起。
它们分别被放在了窗台和桌子上。

21

把与本书对应的教具图形块进行整理，把相同颜色的图形块放在一起。

从那以后，海伦·凯勒变得非常忙碌。
妈妈在她的手心里写了这样的话：
"海伦，你试着自己整理房间吧。"
每天要整理的东西实在是太多了，
带蝴蝶结的帽子放在一起，
带羽毛的帽子放在一起，
她会认真地整理好。

23

整理好帽子后，海伦·凯勒犹豫地歪了歪脑袋，
不知道为什么又突然把所有帽子放到了一起。
妈妈静静地看着海伦·凯勒。
海伦·凯勒认真地摸了摸每一顶帽子，
然后根据有没有帽檐儿，对帽子重新进行了整理。
她这才露出了满意的笑容，
妈妈也欣慰地笑了。

重新整理一下与本书对应的教具图形块。把圆形的放在一起，四方形的放在一起，三角形的放在一起。

25

把帽子都整理完之后，
海伦·凯勒匆匆忙忙地来到了院子里。
她一边用鼻子嗅来嗅去，
一边在院子里寻找着什么。

今天是莎莉文老师来的第100天。
海伦·凯勒扑进莎莉文老师的怀里，
小心翼翼地张开了握着的手。
一股浓郁的薄荷香
直扑莎莉文老师的鼻尖。

思维
提升
1

简单分类

● 根据一个标准把多种东西进行分类

红色的跟红色的插在一起，

黄色的跟黄色的插在一起，

粉色的跟粉色的插在一起。

花朵可以根据不同的颜色进行分类。

圆形的跟圆形的放在一起，

星星形的跟星星形的放在一起，

心形的跟心形的放在一起。

饼干可以根据不同的形状进行分类。

• 根据不同标准进行分类

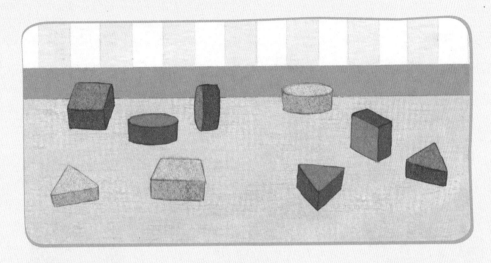

图中摆放着各种不同颜色和不同形状的积木块。

 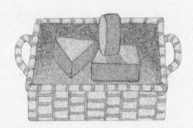 

可以根据相同的颜色把积木块进行分类。

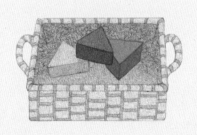 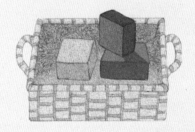 

也可以根据相同的形状把积木块进行分类。

• 根据标准放在一起

红色跟红色一起，黄色跟黄色一起，绿色跟绿色一起，把它们用对应颜色的彩色铅笔圈在一起。水果和水果一起，昆虫和昆虫一起，用黑色铅笔把它们圈在一起。

分类叠衣服

一边叠衣服一边玩有趣的分类游戏。

准备物品：晾干的衣服

① 把晾干的衣服收进来。

② 找一找袜子的另一半，比一比谁找到的更多。

③ 爸爸的袜子放在一起，妈妈的袜子放在一起，我的袜子放在一起。

④ 这次再把上衣跟上衣放在一起，下装跟下装放在一起。

爸爸妈妈看过来

简单分类

　　把身边的事物根据一个标准进行分类是分类活动的开始。先帮助小朋友们确定颜色或者形状等标准，然后再进行分类。再进一步，可以根据事物的属性（触感、用途等）进行分类。然后再引导小朋友们用不同的标准重新对相同的事物进行分类。通过根据各种不同标准进行分类的过程，可以拓展小朋友们的思考范围。

●● 正确答案

13页 圆形和四方形。

15页 花朵根据相同的颜色种在了一起。

20页 毛绒玩具放在一起，机器人、汽车、积木等硬的玩
具放在一起。

数学游戏

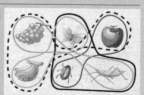

版权登记号：01-2020-4614

图书在版编目（CIP）数据

了不起的数学思维.萌芽篇 /（韩）高英伊等著；（韩）孙律等绘；千太阳译. —北京：现代出版社，2021.1

ISBN 978-7-5143-8801-5

Ⅰ. ①了… Ⅱ. ①高… ②孙… ③千… Ⅲ. ①数学—儿童读物 Ⅳ. ①O1-49

中国版本图书馆CIP数据核字（2020）第157342号

海伦·凯勒的魔法手

作　　者	［韩］李善雅/文　　［韩］李贤珠/图
译　　者	千太阳
责任编辑	崔雨薇
封面设计	八　牛　刘　璐
出版发行	现代出版社
通信地址	北京市安定门外安华里504号
邮政编码	100011
电　　话	010-64267325　64245264（传真）
网　　址	www.1980xd.com
电子邮箱	xiandai@vip.sina.com
印　　刷	北京瑞禾彩色印刷有限公司
开　　本	889mm×1194mm　1/16
字　　数	70千
印　　张	17.5
版　　次	2021年1月第1版　2021年1月第1次印刷
书　　号	ISBN 978-7-5143-8801-5
定　　价	120.00元（全7册）